AF389834

ISBN 978-3-662-22731-2   ISBN 978-3-662-24660-3 (eBook)
DOI 10.1007/978-3-662-24660-3

Die in den Sitzungsberichten Abt. I und Abt. II der math.-nat. Klasse der Österr. Akad. d. Wiss. erscheinenden Abhandlungen werden auch einzeln abgegeben. Sie können durch jede Buchhandlung oder direkt durch die Auslieferungsstelle der Österreichischen Akademie der Wissenschaften (Wien I, Singerstraße 12) bezogen werden.

Nachfolgende Abhandlungen aus dem Fache **Astronomie** sind erschienen:

1950 (S II a, Bd. 159):

Haupt H.: Über Phasenkoeffizienten und Albedo der kleinen Planeten Ceres. Palls, Juno und Vesta, 20 Seiten. S 21.60
Nikoloff I.: Definitive Bahnbestimmung des Kometen 1936 III (Kaho-Kozik.-Lis), 17 Seiten. S 20.40
Pastor M.: Die Feuerkugel vom 4. Jänner 1945, $17^h 52^m$ MEZ., 22 Seiten. S 16.—
Socher H.: Die Polhöhe der Universitäts-Sternwarte Wien. 10 Seiten. S 8.60
Socher H.: Veränderliche Fundamentalsterne der „Potsdamer Durchmusterung" (mit 2 Abbildungen), 9 Seiten. S 7.20

1951 (S II a Bd. 160):

Eichhorn H.: Die Genauigkeit einer Kreisbahnbestimmung, 15 Seiten. S 8.50
Schrutka-Rechtenstamm Erna: Definitive Bahnbestimmung des Kometen 1932 I, 25 Seiten S 19.80
Senftl E.: Definitive Bahnbestimmung des Kometen 1930 V (Forbes), 15 Seiten. S 13.60

1952 (S II a, Bd. 161):

Ferrari d'Occhieppo K.: Die Häufigkeitsfunktion der Sternmassen (mit 3 Abbildungen), 31 Seiten. S 22.50
Hopmann J.: Selenodätische Untersuchungen, 46 Seiten. S 23.90
Krumpholz H.: Beobachtungen von Kometen und von (433) Eros, 2 Seiten. S 2.20
Nikoloff I.: Photographische Positionen am Normal-Astrographen, 2 Seiten. S 2.20
Schütte K.: Galaktozentrische Bahnelemente von 1026 Fixsternen in der nächsten Umgebung der Sonne (mit 3 Abbildungen), 72 Seiten. S 27.—
Schrutka-Rechtenstamm G.: Definitive Bahnbestimmung des Kometen 1930 III, 21 Seiten. S 8.—

1953 (S II a, Bd. 162):

Eichhorn H.: Ein verkürztes Verfahren zur exakten Bestimmung von Schrauben- oder Skalenfehlern und Untersuchung des Töpferschen Meßapparates der Wiener Universitäts-Sternwarte (mit 1 Abbildung und 1 Tafel). S 21.50
Hopmann J.: Photometrie von 420 visuellen Doppelsternen. S 35.80
Hopmann J.: Beobachtungen der totalen Mondesfinsternis vom 30. Jänner 1953 auf der Universitäts-Sternwarte Wien (mit 4 Abbildungen). S 18.70
Hopmann J.: Photometrisch-kolorimetrische Beobachtungen von visuellen Doppelsternen. S 19.20
Schrutka-Rechtenstamm G.: Definitive Bahnbestimmung des Kometen 1932 V (Peltier-Whipple). S 29.40
Schütte K.: Galaktozentrische Bahnelemente von 1026 Fixsternen in der nächsten Umgebung der Sonne (mit 5 Abbildungen). S 27.—
Widorn Th.: Die atmosphärischen Verhältnisse bei astronomischen Beobachtungen in Wien (mit 7 Abbildungen). S 7.20

1954 (S II, Bd. 163):

Ferrari d' Occhieppo K.: Leuchtkraftfunktionen und Heß-Diagramm im Bereich der Weißen Zwerg-Sterne (mit 2 Abbildungen). S 14.30
Hopmann J.: Photometrisch-kolorimetrische Beobachtungen von visuellen Doppelsternen. II. Beobachtungen mit dem Rotkeil-Kolorimeter. S 14.90
Hopmann P.: Photometrisch-kolorimetrische Beobachtungen von visuellen Doppelsternen. III. Beobachtungen mit dem Blau-Rot-Keil-Kolorimeter. Diskussion des Gesamtmaterials. Die Farbenhelligkeitsverteilung. S 21.30
Hopmann J.: Der Doppelstern ADS 11632. S 14.30

Zum Problem der Begegnungssterne Untersuchungen an 11 visuellen Doppelsternen

Von

J. Hopmann

(Vorgelegt in der Sitzung am 14. Jänner 1965)

Zusammenfassung

Der erste Teil der Arbeit beginnt mit einer Übersicht der Erscheinungen, die sich dem allgemeinen Sternfeld der Stellarstatistik überlagern: die Sterngruppen nach Eggen, die Familien nach Schütte, die Bewegungshaufen, die Sternrudel nach Hopmann, die mehrfachen Systeme bis zu den Doppelsternen. Diese wurden schon immer in optische und physische gegliedert. Bei letzteren sollte aber künftig unterschieden werden zwischen periodischen Systemen mit einer größeren Zahl Umläufen in einer wenig geänderten Ellipse, und den Begegnungssternen, d. h. nur in fast geradlinigen Hyperbeln relativ zueinander sich bewegenden Paaren.

Es werden weiter die Möglichkeiten beschrieben, solche Paare aufzufinden und ihre Bahnen näher zu untersuchen, was dann im Hauptteil der Arbeit an 11 Objekten durchgeführt wird (etwa ebensoviele, insbesondere mit hyperbolischen Bahnen sind in Vorbereitung). Tabelle 1 gibt die wichtigsten Kennzeichen dieser 11 Systeme.

Summary

At first a description is given of such phenomena as are superimposed on the general starfields of stellar statistics: Eggen's groups, Schütte's families, the moving clusters, the startroups (rudel) according to Hopmann, and multiple systems down to double stars.

The distinction between optical pairs and genuine binaries has always been made, but in the latter group a further distinction ought to be made between systems with closed orbits where at least a number of orbitings take place on more or less unaltered elliptical paths and the socalled encountering stars which meet once but then continue on a nearly straight line course. In fact they decribe very longstretched hyperbolas.

A short description is given of the method of finding such encoutering stars and how to determine their orbits. Eleven pairs have been dealt with here and about the same number will be ready for publication soon. Table 1 gives the caracteristics of them.

Tabelle 1

Nr.	ADS	Bemerkungen
1	2390	Ellipse mit $P = 617$ Jahren.
2	2850	Begegnung in großem Abstand.
3	7778	phys. Paar, ob Ellipse oder Hyperbel noch unentschieden.
4	8450	sicher Begegnung, Hyperbelelemente noch nicht ableitbar.
5	9346	sicher Begegnung, Hyperbelelemente noch nicht ableitbar.
6	Cor. 193	optisches Paar.
7	9933	ϰ Her, optisches Paar.
8	11061	41 und 40 Dra, optisches Paar trotz großer c. p. m.
9	12730	optisches Paar.
10	16611	phys. Paar der Population II, Bahnform noch unsicher.
11	16693	optisches Paar, 2 rote Riesen mit gemeinsamer Bewegung.

A. Zum Problem der Begegnungssterne

1. Die Struktur der Sonnenumgebung

Das Bild der engeren, und z. T. auch der weiteren Sonnenumgebung hat im Laufe der Zeit eine Reihe Züge bekommen, die das der klassischen Stellarstatistik (Seeliger, Kapteyn, Charlier) — besonders für die räumliche und die Geschwindigkeitsverteilung — überlagern, Erscheinungen, die schließlich auch für die Geschichte der Galaxis von Bedeutung sind.

Beginnend etwa vor 100 Jahren mit der Entdeckung der „Bärenfamilie" durch Klinkerfuß und des Hyadenstroms um 1910 durch

L. Boss hat man — vor allem in den letzten Jahren O. Eggen — eine Anzahl derartiger Gruppen eingehend untersucht [1]. Zehn bis 100 Sterne ziehen mit fast gleicher Geschwindigkeit und Richtung durch das allgemeine Sternfeld. Die Gruppen haben dabei Ausdehnungen von 50 und mehr pc.

Zu ganz ähnlichen Ergebnissen kommen die Arbeiten von Schütte und Petri [2], die leider wohl infolge zu geringer Verbreitung bei den Sternwarten kaum die nötige Beachtung gefunden haben. Mit dem Bottlingerschen Ansatz wurden für 1500 Sterne bis zu 30 pc Distanz die galaktozentrischen Bahnelemente aus den Positionen, Eigenbewegungen (EB) und Radialgeschwindigkeiten (RG) berechnet. Diese wurden dann eingehend nicht nur statistisch behandelt, sondern auch eine größere Zahl „Familien" — also Gruppen ähnlich denen von Eggen — ermittelt.

Sodann haben wir die bekannten galaktischen Sternhaufen, viel kompakter als die Gruppen und Familien, wieder mit nahezu gleichgerichteten und gleichgroßen Bewegungen, meist wohl viel jünger als die „Familien".

In zahlreichen, hier nicht zur Erörterung stehenden Arbeiten, analytisch und numerisch, wurde der Auflösungsprozeß der Sternhaufen zu klären versucht. Es erscheint dabei durchaus denkbar, daß eine kleine Anzahl Sterne schließlich ein Rudel (Trupp) bildet, die nur ein pc und weniger Distanz voneinander haben. (Hierauf hat wohl der Verfasser zuerst hingewiesen [3].) Die Bewegungsverhältnisse in einer solch kleinen Ansammlung von Sternen — bis zu 16 — hat v. Hoerner [4] in zwei Arbeiten untersucht — mit einer großen elektronischen Rechenmaschine —, wobei es immer wieder vorkam, daß sich vorübergehend Doppelsterne bildeten, dann aber wieder auflösten!

Werden die Trupps (Rudel) noch kleiner, dann haben wir die altbekannten Mehrfachsterne, wie das sechsfache System Kastor, die Gruppe um α Lyrae, das vierfache System ζ Cnc, nicht aber ε_1 und ε_2 Lyrae, da hier die beiden Paare nichts miteinander zu tun haben [3]. Ferner Ambarzumians instabile Trapezsterne, die dreifachen Systeme großer Dimension wie Regulus, α und Proxima Cen usw.

Das Ende dieser zunächst nur beschreibenden Reihe sind die Doppelsterne. Die schwachen Begleiter von α Leo und α Cen wird man gewiß als physisch zum Hauptstern gehörig betrachten. Zur Zeit betragen ihre Distanzen etwa 4500 und 11 400 AE! Wenn aber ihre relativen Geschwindigkeiten zu groß sind, dann werden die Begleiter keine periodischen Bahnen, d. h. Ellipsen, beschreiben, sondern mehr oder weniger flache Hyperbeln. Die Komponenten kommen zueinander, sind sich für 10^2 bis 10^4 Jahre recht nahe und gehen wieder auseinander, sie sind **Begegnungssterne**.

Daß es derartige Paare gibt, und wie unter Umständen hyperbolische Bahnelemente berechnet werden können, hat der Verfasser in [3] gezeigt. Eine im Erscheinen begriffene Arbeit von Frl. Dr. G. Zeller [5] behandelt so auch das System ε Equ (ADS 14 499).

Wie bei allen Klassifikationen gibt es natürlich auch zwischen Sternhaufen und Trupps, Trupps und Mehrfachsystemen, diesen und den Begegnungssternen keine scharfen Grenzen.

Im allgemeinen Sternfeld ist selbstverständlich das Auftreten von Begegnungspaaren sehr unwahrscheinlich. Anders ist es bei den kompakten Bewegungshaufen und den Trupps. Aber auch wenn die Sterne einer Gruppe oder Familie gemeinsam durch das allgemeine Feld ziehen, ist das Eintreten einer Begegnung eher zu erwarten als ohne diesen Vorgang.

Da wir heute in der Astronomie so viele ,,biologische'' Ausdrücke verwenden (Riesen, Zwerge, Klassen, Arten, Entwicklung und ,,Lebensgeschichte'' eines Sterns usw.), sei ein biologisches Vergleichsbild einmal gestattet. In einem Tierreservat Afrikas von 25 000 km² seien 250 Elefanten, d. h. auf 100 km² einer, oder etwa alle 10 km. Um genügend Futter zu finden, braucht das einzelne Tier nur täglich 500 m weiterzuziehen, in beliebiger Richtung. Dann werden — in statistischem Ansatz — viele Monate vergehen können, bis sich einmal zwei Elefanten vorübergehend auf zehn Meter begegnen. In Wahrheit gibt es bei ihnen nur wenig Einzelgänger, sondern Paare und Trupps, die zudem bestimmte Marschrichtungen einhalten.

Zweihundert Jahre Doppelsternastronomie sind zu wenig, als daß man mit viel Fällen gesicherter Begegnungen rechnen kann. Aber auch der Bildjäger muß oft lange suchen und warten, bis er ein seltenes Wild vor sein Teleobjektiv bekommt.

Bei der Annäherung zweier Sterne werden ihre nahezu unabhängigen Bahnen durch die gegenseitige Anziehung in langgestreckte Hyperbeln deformiert, deren Asymptoten nur wenig von 180° abweichen. Auch die Bahngeschwindigkeiten ändern sich nur wenig. In der Projektion an die Sphäre werden solche Systeme eine fast geradlinige, fast gleichförmig durchlaufende scheinbare relative Bahn haben, z. T. in der Art, wie sie z. B. von O. Nys [6] für 13 Paare abgeleitet wurden. Von ihnen wurden bisher hier über die Hälfte untersucht, die sich alle als physische Paare, teils mit Ellipsen-, teils mit Hyperbelbahnen herausstellten.

Der Verdacht, es mit einem Begegnungspaar zu tun zu haben, wird dann stark, wenn beide Komponenten gemeinsame EB oder auch RG haben. Eine kursorische Durchsicht des Verzeichnisses gradliniger Bahnen von Hertzsprung [7] zeigte, daß rund 80% von ihnen wegen gemeinsamer EB als physisch zu vermuten sind[1]. Bei den restlichen fehlen zumeist brauchbare EB. Bei dem in mancher Art ähnlichen Katalog von Dommanget [10] mit 325 geradlinigen Bahnen, die sich auf 222 Paare beziehen, haben 20 schon veröffentlichte Bahnelemente, bei 66 sind nach seinen Kriterien Ellipsen möglich, etwa 15 sind sicher optische Paare, weitere 15 mit Rücksicht auf ihre EB wohl auch physisch, während beim Rest, etwa 100, an Hand ihrer B.D.-Nr. und des Hamburger EB-Lexikons zu prüfen wäre, welche Paare einer weiteren Untersuchung wert erscheinen. Stichproben erwiesen sie ganz überwiegend als optische Paare.

2. Zur Einteilung der Doppelsterne

Bisher wurde meist nur zwischen physischen Paaren, d. h. solche mit elliptischen Bahnen, und optischen unterschieden. Es ist wohl zweckmäßig, diese Einteilung etwa wie folgt zu verfeinern:

1. **Optische Paare.** Die Komponenten stehen an der Sphäre scheinbar nahe, im Raume aber weit hintereinander, mehr als 1 pc. So beeinflussen sie ihre Bewegung gegenseitig nicht merklich. Sie werden als solche erkannt durch die starke Verschiedenheit ihre absoluten EB,

---

[1] Für fast alle liegen gut Helligkeiten und Farben der Komponenten vor.

die sich als geradlinige, gleichförmige relative EB spiegelt oder auch
der RG (s. u. Nr 7, $\varkappa$ Her). Beispiele hierzu gibt der zweite Teil dieser
Arbeit.

2. Bei den physischen Paaren gibt es mehrere Gruppen:

a) zur Zeit periodische Systeme. Hierzu zählen alle spektroskopischen, die photometrischen und solche visuellen Paare, bei denen der
beobachtete Bahnbogen auf eine Ellipse führt. Damit ist nicht gesagt,
daß derartige Systeme für sehr lange Zeiten, 10^5 bis 10^7 Jahre, stabil
sind, besonders wenn es sich um 3- und mehrfache handelt oder solche
in Sterntrupps (es sei an die Arbeiten von v. Hoerner [4] erinnert).
So hat z. B. bei ε Hya das enge Paar AB eine Periode von etwa 15 Jahren. Die Bahn von C um dieses ist gegenwärtig noch eine Ellipse, aber
AB so nahe, daß durch die gegenseitigen Störungen das ganze System
unstabil werden, oder zumindest die Bahn von C in eine Hyperbel
übergehen kann [5].

b) Weite Paare. Sie zeichnen sich aus durch starke gemeinsame
EB, mitunter auch gleiche Parallaxe aus. Ihre scheinbaren Abstände
können 10′ und mehr erreichen. Sie sind mit Recht auch in den neuen
IDS [11] aufgenommen worden. Viele Beispiele hat der Yale Parallaxen
Katalog [12] und die verschiedenen Verzeichnisse von Luyten [13].
Sie sind physische Paare, auch wenn die Distanz der Komponenten 10^3
und mehr AE betragen und im Augenblick über das einzelne Paar
nicht viel weitere Aussagen gemacht werden können. Statistische Untersuchungen schon an mäßig weiten Paaren [14] sind ebenso nötig, wie
solche an Paaren mit bekannten elliptischen Elementen [15].

c) Begegnungspaare. Diese stehen gewissermaßen zwischen den
beiden vorherigen Gruppen. Einerseits gehören sie zu den weiten Paaren,
andererseits lassen sich unter günstigen Umständen bei ihnen Bahnelemente (Hyperbeln) ableiten. Dazu ist nötig, daß die Beobachtungen
sehr nahe der Zeit des Periastrons liegen, wir also stärkste meßtechnisch-
historische Auswahleffekte haben. In den wenigen bis jetzt nachge-
wiesenen Fällen liegen die Periastronabstände zwischen 1000 AE und
unter 100 AE, d. h. bei den Dimensionen der periodischen Systeme. In
viel mehr Fällen aber wird man, wie die Beispiele dieser Arbeit zeigen,
nur feststellen können: es handelt sich um eine enge Begegnung, Bahn-

elemente können aber noch nicht ermittelt werden. Enge Begegnungspaare sind sicher so selten, wie etwa magnetisch veränderliche Sterne
oder Überriesen relativ zu den Mengen der Hauptreihensterne.

3. Allgemeine Bemerkungen über die nachstehend unter-
suchten Paare

In [3] hatte der Verfasser eine Anzahl Paare angegeben, die viel-
leicht Begegnungssterne sein könnten. Ein Teil von ihnen ist nachstehend behandelt. Weitere — vor allem interessantere Fälle — sind
einer weiteren Arbeit vorbehalten.

Für jedes Objekt werden zuerst gegeben die Bezeichnung, Position,
EB, soweit vorhanden astrophysikalische Daten, Parallaxe usw. Es
folgt jeweils die Tabelle der — z. T. in Normalorte zusammengefaßten —
Positionswinkel ϑ und Distanzen ρ.

In den meisten Fällen wird dann nach dem Verfahren der früheren
Arbeit ([16], S. 8—12) eine Analyse mit dem Ziel durchgeführt, die Art
des Paares zu klären (optisch, Ellipse, Hyperbel, Begegnung), wenn
angängig eine gute dynamische Parallaxe, Leuchtkraftklasse der Komponenten usw. Bis auf das erste Paar genügte das vorhandene Material
noch nicht zu einer eigentlichen Bahnbestimmung. Wie meist bei Doppel-
sternarbeiten, so mußte auch hier jeder Fall individuell behandelt werden.

Gelegentlich kann bei starker Distanzänderung und genügend aus-
gedehntem Material schon bei Beginn der Arbeit die Frage „optisch
oder physisch" geklärt werden: Durch Ausgleichung der PW erhält
man die Reihe $\vartheta = \vartheta_1 + \alpha_1 . \tau + \alpha_2 . \tau^2$. Damit wird

$$\dot\vartheta = \alpha_1 + 2\,\alpha_2 . \tau.$$

Mit den ρ und ϑ für die Beobachtungszeit bildet man (stichprobenweise)
$c = \rho^2\,\dot\vartheta$. Dieses müßte nahezu konstant sein, wenn es sich um ein
physisches Paar handelt. Nachstehend liefert Nr. 6 Cordoba 193, dazu
ein gutes Beispiel.

Bei mehreren Paaren wurde die „Minimalparallaxe" abgeleitet. (Sie
kommt, ohne diese Bezeichnung, schon in [3] bei der Besprechung von
α Cru vor.) In der Formel zur Berechnung dynamischer Parallaxen

$$\pi = \rho_0 \cdot r \cdot (\mathfrak{M}_A + \mathfrak{M}_B)^{-1/3} \cdot \left(\frac{-\ddot{x}}{4 \cdot 3.141^2 \cdot N^2} \right)^{1/3} \tag{1}$$

ist ρ_0 sehr sicher bekannt, für unseren Zweck ausreichend genau auch $\mathfrak{M}_A$ und $\mathfrak{M}_B$. Ferner oft genügend sicher $(-\ddot{x})$. Sehr unsicher oder unbekannt ist meist π. Es ist $r = \sin^{-1} J$ der lineare Abstand der Komponenten in Einheiten von ρ_0, wenn J der Winkel zwischen der Gesichtslinie und dem Radiusvektor der Komponenten ist. r kann bei einer Bahnbestimmung gefunden werden, was aber bis auf einen Fall hier nicht möglich war. Setzt man aber $r = 1$, d. h. $J = 90°$, dann erhält man die „Minimalparallaxe" π_{min}. Sie ist verhältnismäßig gesichert und kann im Vergleich zu anderen Angaben helfen, diese zu beurteilen, oder die Klärung „optisch oder physisch" entscheiden.

Wichtig ist ferner noch folgende Überlegung: Mit r_0 sei der Abstand der Komponenten zur Zeit t_0 in AE (!) bezeichnet. Es ist $r_0 = \rho_0/\pi \cdot r$ und Formel (1) gibt dann:

$$r_0{}^3 = 39{,}48 \cdot N^2 \cdot (\mathfrak{M}_A + \mathfrak{M}_B) \cdot (-\ddot{x})^{-1} \tag{2}$$

Man kann also r_0 auch ohne Kenntnis der Parallaxe für eine erste Abschätzung genügend genau berechnen, wenn $(-\ddot{x})$ sich aus den Positionsmessungen ermitteln läßt, und die Massen entsprechend den spektroskopischen oder kolorimetrischen Daten [8] statistisch angesetzt werden. Ihre Unsicherheit geht wie die der $(-\ddot{x})$ nur mit der dritten Wurzel in die r_0 ein.

(2) ist nur eine Erweiterung der für das Zweikörperproblem grundlegenden Formel

$$K^2 = (-\ddot{x}) \cdot r^3.$$

B. Untersuchungen an 11 visuellen Doppelsternen

Nr. 1. ADS 2390

In [17] hatte O. Nys in vorbildlicher Art alle Beobachtungen dieses Paares, Σ 360, zusammengestellt. Aus ihnen wurden die Normalörter der folgenden Tab. 2 abgeleitet. Weitere Daten sind: $AR = 3^{\mathrm{h}} 9^{\mathrm{m}}0$, $\delta = +37°2'$, $m_A = 8{,}09$, $m_B = 8{,}29$, beide Komponenten G0-Sterne.

Nach A. Wilkens [18] beträgt die EB in 100 Jahren $6''\!,\!5$ im PW $239°$, nach Nys die relative EB nur $1''\!,\!00$ in $117°$ PW. Die Komponenten haben also gemeinsame EB, was für physische Zusammengehörigkeit spricht. O. Nys leitet zwar eine lineare Relativbewegung ab, die aber in den

Tabelle 2

Nr.	Nys	p	t	ϑ 1900	ρ	x	y	$0''\!,\!01$	
								v_x	v_y
1	1	3	1831,20	$146°\!,\!70$	$1''\!,\!34$	$-\ 1''\!,\!18$	$+\ 0''\!,\!73$	$-\ 7$	$+\ 8$
2	2, 3	4	1846,64	143,98	1,59	$-\ 1,29$	$+\ 0,94$	$-\ 10$	$+\ 11$
3	4, 5	4	1857,68	143,23	1,47	$-\ 1,17$	$+\ 0,88$	$+\ 7$	$-\ 6$
4	6	5	1869,38	139,38	1,67	$-\ 1,27$	$+\ 1,09$	$+\ 2$	0
5	7, 8	6	1880,04	138,30	1,61	$-\ 1,20$	$+\ 1,07$	$+\ 12$	$-\ 12$
6	9—11	11	1883,00	138,78	1,80	$-\ 1,35$	$+\ 1,18$	$-\ 2$	$-\ 4$
7	12—14	8	1890,64	137,45	1,79	$-\ 1,32$	$+\ 1,21$	$+\ 5$	$-\ 9$
8	15—17	8	1901,31	135,32	1,87	$-\ 1,33$	$+\ 1,32$	$+\ 6$	$-\ 9$
9	18—21	11	1909,88	134,47	2,00	$-\ 1,40$	$+\ 1,43$	0	$-\ 6$
10	22—27	11	1914,14	133,21	2,13	$-\ 1,46$	$+\ 1,55$	$-\ 3$	$+\ 4$
11	28—34	8	1924,60	132,27	2,37	$-\ 1,59$	$+\ 1,75$	$-\ 5$	$+\ 14$
12	35—37	9	1928,39	133,19	2,10	$-\ 1,44$	$+\ 1,53$	$+\ 1$	$-\ 11$
13	38—41	13	1931,80	131,65	2,33	$-\ 1,55$	$+\ 1,74$	$-\ 10$	$+\ 6$
14	42, 43	9	1932,10	131,85	2,12	$-\ 1,41$	$+\ 1,58$	$+\ 3$	$-\ 1$
15	44	18	1932,74	131,54	2,14	$-\ 1,42$	$+\ 1,60$	$+\ 4$	$+\ 17$
16	45—50	20	1936,13	130,62	2,24	$-\ 1,46$	$+\ 1,70$	0	$-\ 1$
17	51—53	11	1939,03	130,45	2,33	$-\ 1,51$	$+\ 1,78$	$-\ 5$	$+\ 4$
18	54—56	11	1942,59	129,35	2,26	$-\ 1,43$	$+\ 1,75$	$+\ 1$	$-\ 2$
19	57—61	16	1953,72	128,68	2,33	$-\ 1,46$	$+\ 1,82$	$+\ 2$	$-\ 4$
20	62—64	9	1960,14	128,51	2,43	$-\ 1,51$	$+\ 1,90$	$-\ 3$	0

B—R seiner Tab. 2 sowohl in ϑ wie in ρ systematische Gänge übrigläßt, was auf eine schwache Bahnkrümmung hinweist.

Mit $t_0 = 1900,0$, $N = 70$ wurden die ρ^2 — ohne Gewichtsverteilung in den Normalörtern — ausgeglichen (siehe hierzu und für das Folgende ([16], S. 8 bis 12), desgleichen die ϑ. Es ergab sich

$$\rho^2 = 3,8113 - 2,0683 \cdot \tau; \quad \vartheta = 134°30 - 9,3717 \cdot \tau'.$$

Die weitere Rechnung zeigte sofort, daß die Bahn eine stark geneigte Ellipse ist, und führte zu provisorischen Bahnelementen. Diese wurden

— genau wie bei ADS 48 der früheren Arbeit [16] — über die beobachteten x und y verbessert und ergaben das nachstehende Elementensystem (Tab. 3), welches, wie die zwei letzten Spalten der Tab. 2 zeigen, die Normalörter befriedigend darstellt. Tab. 4 gibt die zugehörige Ephemeride mit dem Äquinox 1900,0.

Tabelle 3

$a = 2''{,}100$	$i = 106°{,}92$
$e = 0{,}61$	$\mathfrak{Q} = 112{,}20$
$P = 616{,}92$	$\omega = 128{,}45$
$T = 1625{,}4$	$A = +\ 0''{,}906$
$(T' = 1933{,}85)$	$F = +\ 0{,}304$
Apastron	$B = -\ 1{,}055$
	$G = -\ 1{,}671$

Tabelle 4

A	ϑ	ρ	x	y
1960	$128°{,}00$	$2''{,}41$	$-\ 1''{,}49$	$+\ 1''{,}90$
1970	$127{,}05$	$2{,}47$	$-\ 1{,}49$	$+\ 1{,}97$
1980	$126{,}17$	$2{,}53$	$-\ 1{,}49$	$+\ 2{,}04$
1990	$125{,}25$	$2{,}57$	$-\ 1{,}49$	$+\ 2{,}09$
2000	$124{,}48$	$2{,}61$	$-\ 1{,}48$	$+\ 2{,}15$

Jackson und Furner hatten die dynamische Parallaxe $\pi = 0''{,}013$, Russell und Moore $0''{,}018$ gegeben. Das System liegt sicher jenseits der Grenzen brauchbarer trigonometrischer Parallaxen. Über das strahlungsenergetische Verfahren (s. [16], S. 14) ergeben sich mit obigen Elementen die weiteren Werte:

$$\pi = 0''{,}0297, \quad a = 70{,}6 \text{ A. E.}, \quad \mu = 10{,}4 \text{ km/sec.}$$

$*$	M	$\mathfrak{M}$	R	δ	g
A	$+5{,}44$	$0{,}86$	$1{,}52$	$0{,}24$	$0{,}37$
B	$+5{,}64$	$0{,}83$	$1{,}67$	$0{,}18$	$0{,}30$

Die Komponenten von ADS 2390 sind also normale Hauptreihensterne.

Nr. 2. ADS 2850

Die Komponenten dieses relativ hellen Paares (Σ 470. w Eri) zeigen nach Ausweis der Beobachtungen in Tab. 5 nur äußerst geringe relative E B, nach der Ausgleichung ist $\Delta_\mu = 0''126$ in 100 Jahren. Weitere Angaben hat die folgende Zusammenstellung:

*	m	F. I.	Sp	RG	$\mu\alpha$	$\mu\delta$	M	$\mathfrak{M}$
A	4,93	$+0,78$	g G 4	$+26,9 \cdot$ b km/sec.	$+0''022$	$+0''019$	$-0,1$	3,5
B	6,39	$-0,08$	A 1 n	$+17,6 \cdot$ b km/sec.	—	—	$+1,4$	2,6

An Parallaxen liegen vor: $\pi_{tr} = 0''000 \pm 0''008$, $\pi_d = 0''006$, $\pi_s = 0''017$ und $0''014$. Mit $M_B = +1,4$ dem Spektraltyp entsprechend wird $\pi = 0''0100$, womit nachstehend weitergerechnet wurde. ρ_0 (für 1900) ist dann $6''812$ oder 681 AE, die EB des Paares $0''029 = 14$ km/sec, die relative EB $= 0,60$ km/sec. M_A und M_B sind oben angegeben, $\mathfrak{M}_A$ und $\mathfrak{M}_B$ folgen dann aus dem strahlungsenergetischen Ansatz. Ihre Beträge scheinen durchaus „vernünftig“. Beide Komponenten dürften wohl rote Riesen der Leuchtkraftklasse III sein.

Tabelle 5

Nr	p	t	ϑ_{1900}	ρ	Nr	p	t	ϑ_{1900}	ρ
1	3	1833,2	$347°58$	$6''70$	7	4	1906,2	$347°47$	$6''80$
2	3	65,6	347,34	6,84	8	18	14,6	347,14	6,84
3	5	89,7	346,74	6,77	9	39	22,8	347,11	6,98
4	4	90,9	346,74	6,62	10	30*	50,7	347,21	6,836
5	4	1901,9	348,59	6,30	11	20*	55,8	347,54	6,809
6	2	04,9	346,28	6,93					

Bei fast genau gleicher EB und etwa gleicher RG darf man vermuten, daß die Komponenten physisch verbunden sind. Es ist aber in diesem Falle die parabolische Grenzgeschwindigkeit 4,0 km/sec, die Differenz der RG 9,3 km/sec erscheint gut gesichert, d. h. man darf allenfalls an eine Begegnung (Hyperbel) denken.

Wahrscheinlicher aber dürfte es sein, daß die Komponenten zwar nahe parallele Bahnen (relativ zur Sonne oder in der Galaxis) haben, aber doch ein oder mehrere pc Abstand voneinander haben, in ferner Vergangenheit oder Zukunft näher zusammen sich bewegen als gegenwärtig. Eine Klärung dürfte sobald noch nicht möglich sein.

Nr. 3. ADS 7778

Dieses Paar hat nach Ausweis der Tab. 6 geringe relative Bewegung, aber starke gemeinsame EB, wie die nachstehende Übersicht zeigt; und nach Maßgabe der Unsicherheit auch fast die gleiche RG der Komponenten. Alles das spricht für physische Zusammengehörigkeit.

$*$	m	F. I.	Sp	RG	EB	M
A	9,90	$+0{,}94$	d G 7	$+14{,}6$ b	$0{,}''169$	$+6{,}15$
B	9,96	$+1{,}01$	d G 8	$+\ 6$ c	$0{,}158$	$+6{,}21$

Jackson und Furner hatten $\pi = 0{,}''028$, Russell und Moore $\pi = 0{,}''026$ angegeben. Für jede der Komponenten, mit gleicher Helligkeit, Farbe und Spektrum kann als Masse $0{,}85$ angesetzt werden. Die ρ^2 bzw. ϑ wurden wie üblich ausgeglichen und man erhält als Abstand der Komponenten für 1900 mit Formel (2) (S. 40) 356 AE und mit Formel (1) die Minimalparallaxe $0{,}''0177$, Daraus folgen die obigen Werte für M, ganz normal für Sterne der Leuchtkraftklasse V. ADS 7778 ist also sicher ein physisches Paar. Die EB wird 53 km/sec, auch normal. Die relative EB, das Ergebnis der Ausgleichung, ist $0{,}''00772$ oder 2,07 km/sec.

Tabelle 6

Nr	p	t	ϑ_{1900}	ρ	Nr	p	t	ϑ_{1900}	ρ
1	4	1830,2	$269{,}°3$	$6{,}''08$	7	13	1912,5	$275{,}°7$	$6{,}''39$
2	2	56,8	271,1	6,19	8	10	20,3	275,7	6,20
3	3	66,4	272,1	6,07	9	9	24,6	275,5	6,42
4	2	93,3	273,4	6,22	10	5*	60,4	277,1	6,25
5	3	1906,4	275,5	6,80	11	2	59,3	278,2	6,60
6	6	06,7	272,9	6,38					

Andererseits wird die parabolische Grenzgeschwindigkeit 2,91 km/ sec. Die Bahn des Paares würde also eine Ellipse sein, falls die RG von B in Wahrheit nahe gleich der von A wäre. Anderenfalls hätte man ein Begegnungspaar. Hier, wie in anderen Fällen in dieser Arbeit, ist eine Entscheidung erst durch genauere RG möglich.

Die Verwendung der angeführten dynamischen Parallaxen würde an all dem nichts Wesentliches ändern.

Nr. 4. ADS 8450

Die Positionsmessungen dieses Paares (Σ 1608) sind in Tab. 7 zusammengestellt. Weitere Daten sind:

*	m	F. I.	Sp	RG	$\mu\alpha$	$\mu\delta$	M
A	8,18	+0,98	d K 2	− 9,1 b km/sec.	− 0″,165	− 0″,124	+7,03
B	8,40	+0,99	d K 1	+ 4 c km/sec.	−	−	+7,25

Das Paar hat also eine ziemlich große gemeinsame EB 0″,207 im Jahr, aber wie die übliche Ausgleichung der Beobachtungen ergab, nur eine zehnmal kleinere rel. EB, 0″,0209. Setzt man für beide Komponenten die gleiche Masse an, so wird dem Spektraltyp entsprechend $(\mathfrak{M}_A + \mathfrak{M}_B) = 1,59$. Mit Formel (1) und (2) wird der Abstand der Komponenten 219 AE und die Minimalparallaxe 0″,059, in naher Übereinstimmung mit der dynamischen von Russell und Moore 0″,063 und der spektroskopischen 0″,051, während die einzige trigonometrische $\pi = 0″,019 \pm 0,015$ wertlos ist. Es wäre dringend nötig, sie zu wiederholen.

Tabelle 7

Nr	p	t	ϑ_{1900}	ρ	Nr	p	t	ϑ_{1900}	ρ
1	3	1832,0	223°,9	10″,59	9	5	1924,9	222°,1	12″,41
2	3	42,4	223,9	10,88	10	10*	38,3	221,66	12,407
3	5	69,2	223,0	11,36	11	10*	38,4	221,79	12,441
4	3	81,0	223,0	11,66	12	10*	55,2	221,44	12,695
5	2	1901,4	223,0	11,91	13	10*	55,2	221,60	12,725
6	14	08,5	222,5	11,98	14	10*	55,2	221,59	12,689
7	2	16,3	223,1	12,35	15	10*	55,2	221,48	12,763
8	8	17,4	222,0	12,30	16	5*	60,4	221,65	12,750

Mit unserer Parallaxe erhält man die obigen Werte M, die zusammen mit den Spektren ganz normal für die Leuchtkraftklasse V sind. Sicher haben wir ein physisches Paar.

Die absolute EB des Systems wird 16,6 km/sec und die relative 1,7 km/sec. Ferner die parabolische Grenzgeschwindigkeit 3,6 km/sec, d. h. aber: die Differenz der RG darf nur bis 3,2 km/sec betragen, wenn die Bahn eine (dann sehr große) Ellipse sein soll. Da sie nach den Angaben des Wilson-Kataloges $+ 13 \pm 5$ km/sec ist, ist eine Hyperbel, eine vorübergehende Begegnung der beiden Sterne mit sehr ähnlichen Raumbewegungen eher wahrscheinlich als eine Ellipse. Die Bahnelemente lassen sich noch nicht ableiten.

Nr. 5. ADS 9346

Neben der Tab. 8 mit den Positionsmessungen liegen für dieses Paar (Σ 1872) noch folgende Angaben vor:

*	m	F. I.	Sp	R G	μ	$\mathfrak{M}$	M
A	7,49	$+1,09$	d G o	$-$ 9,0 b km/sec	0″,239	0,75	$+3,94$
B	8,31	$+0,88$	d G 7	$-16,1$ b km/sec	—	0,85	$+4,76$

Aus der üblichen Ausgleichung ergab sich als jährliche relative Bewegung der Komponenten $\Delta\mu = 0″,00789$, also sehr klein gegenüber der EB, was stark für die physische Zusammengehörigkeit der Komponenten spricht. An Parallaxen liegen vor eine dynamische von Russell und Moore, 0″,025 und eine spektroskopische, 0″,026. Die Auswertung der Positionsmessungen gibt mit Formel (1) $\pi_{\min} (\mathfrak{M}_A + \mathfrak{M}_B)^{1/3} = 0″,0229$. Setzt man für die Massen den Spektren entsprechend die obigen Werte ein, so wird die Minimalparallaxe 0″,0196 und der Abstand der Komponenten mit Formel (2) 389 AE. Damit wird die Systemgeschwindigkeit 58 km/sec, die relative 1,9 km/sec und die parabolische Grenzgeschwindigkeit 2,70 km/sec.

Die Differenz der RG, hier ziemlich gesichert, $-$ 7,1 km/sec, ist wesentlich größer. Wir haben hier also ein Begegnungspaar. Bei dem dürftigen Beobachtungsmaterial lassen sich die Hyperbelelemente noch nicht ableiten. Doch ist die Bahn der Komponente B ziemlich steil auf

Tabelle 8

Nr	p	t	ϑ_{1900}	ρ	Nr	p	t	ϑ_{1900}	ρ
1	2	1830,2	38°,4	7″,54	7	1	1919,4	43°,6	7″,60
2	3	66,8	40,1	7,54	8	14	24,2	43,3	7,65
3	3	89,3	43,4	7,61	9	10*	38,4	44,44	7,580
4	2	1905,1	42,0	7,52	10	10*	53,2	45,46	7,611
5	1	06,2	41,2	7,43	11	20*	54,3	45,42	7,607
6	5	13,2	42,1	7,78					

uns zu gerichtet, wobei die Komponenten im Raume etwa gleichgerichtet laufen.

Mit unserer Parallaxe erhält man die obigen Werte für M. Danach liegen beide Sterne nahe der Hauptreihe.

Nr. 6. Cordoba 193 = CPD — 37°6639/40

Für dieses Paar liegen zunächst die Angaben vor: $AR = 16^h1^m1$ $\delta = -37°46'$ (1900,0), 8^m5 G 5 und 8^m7 G 5. Van den Bos wies auf die rasche relative Bewegung der Komponenten hin, was eine große Parallaxe vermuten ließ. Sie konnte aber von Alden [19] nicht bestätigt werden. Dommanget [20] hat alle relativen Positionsmessungen zusammengestellt und aus ihnen eine geradlinige scheinbare Bahn mit den Werten

$$\rho \cos (\vartheta - 157°,5) = 1″,4635$$

$$\rho \sin (\vartheta - 157°,5) = + 0″,1113 \, (t - 1978,18)$$

abgeleitet. Seine anschließende Diskussion endet mit der Überlegung: Entweder hat das Paar eine Bahnellipse. Dann muß es in vollem Gegensatz zu Alden eine Parallaxe von etwa 0″,1 haben und die Komponenten weiße Zwerge sein. Oder Alden hat recht, dann haben wir ein optisches, weit entferntes Paar. Auch scheinen in den Beobachtungen noch systematische Fehler zu stecken.

Letztere sind wohl — bis auf die sehr unsicheren von 1873 und 1888 — nicht allzu bedenklich.

Alden hatte — wegen der nur 3jährigen Beobachtungszeit sehr unsicher — gefunden:

$$\mu_x(A) = + 0{,}''061 \quad \mu_y(A) = - 0{,}''035 \, ; \quad \mu_x(B) = - 0{,}''048 \quad \mu_y(B) = - 0{,}''046$$

im Mittel

$$\mu_x = + 0{,}''007 \qquad \mu_y = - 0{,}''040$$

An anderweitigen Ortsbestimmungen liegen vor (für 1900,0):

$$1875{,}5 \quad 16^h 1^m 6{,}^s14 \quad - 37° 46' 3{,}''4$$
$$1912{,}6 \qquad\quad 6{,}''00 \qquad\qquad 9{,}''6$$
$$1934{,}0 \qquad\quad 5{,}''79 \qquad\qquad 8{,}''9$$

Die erste, wohl sehr unsicher, ist eine einzelne Meridiankreismessung in Cordoba, die zweite ergibt sich aus der Pl 2747 der Sektion Perth der Internationalen Himmelskarte, die dritte enthält der Katalog Cordoba D. Eine brauchbare EB läßt sich daraus nicht ableiten. Anscheinend ist aber die relative EB größer als die absolute, was gegen die Zusammengehörigkeit der Komponenten spricht.

Wenn man die Beobachtungen 3. bis 12. und 21. bis 30. in Dommangets Tabelle getrennt linear nach der Zeit ausgleicht, so ergibt sich für die relative Bewegung

$$x = + 0{,}''81 - 0{,}''0444\,(t - 1927{,}1) \quad \text{bzw.} \quad x = - 0{,}''22 - 0{,}''0367\,(t - 1951{,}8)$$
$$\pm\, 140 \qquad\qquad\qquad\qquad\qquad\qquad \pm\, 138$$
$$y = + 5{,}''82 - 0{,}''1032 \qquad\qquad\qquad y = + 3{,}''30 - 0{,}''1005\,(t - 1951{,}8)$$
$$\pm\, 133 \qquad\qquad\qquad\qquad\qquad\qquad \pm\, 57$$

Der PW der Bewegung ändert sich zwar vom 1. zum 2. Bahnteil um $3{,}°2$, doch liegt dies völlig innerhalb der m. F., was auch von den Geschwindigkeiten gilt. Dies spricht nicht für eine verbürgte Bahnkrümmung und gegen ein physisches Paar.

Durch Umkehr des in ([16], S. 14) nochmals geschilderten strahlungsenergetischen Verfahrens erhält man mit den Helligkeits- und Spektralangaben eine Parallaxe von Cordoba 193 von etwa $0{,}''023$, entsprechend 44 pc. D. h. einerseits, die Komponenten können recht gut einige pc von uns aus gesehen hintereinander stehen, andererseits liegt dieser Wert noch durchaus im Unsicherheitsbereich der trigonometrischen Bestimmung von Alden (s. [21], S. 139).

Ausschlaggebend ist aber folgendes: Mit $t_0 = 1940{,}0$, $N = 30$ lassen sich, ohne die zwei ersten unsicheren, die übrigen 28 Beobachtungen der ϑ der Liste von Dommanget sehr gut darstellen durch $\vartheta = 86{,}^\circ80 + 16{,}^\circ00 \cdot \tau + 8{,}^\circ19 \cdot \tau^2$ mit dem m. F. 1 Beob. $\pm$ 0,$^\circ$61. Dann ist $\dot{\vartheta} = + 16{,}^\circ00 + 16{,}^\circ39 \cdot \tau$. Für jede Beobachtung kann nun $c = \rho^2 \cdot \dot{\vartheta}$ ermittelt werden. Die Werte gehen von 75 über 220 (Beob. 5) bis 329 (Beob. 12) und zurück bis 136 (Beob. 30). Von einer „Flächenkonstanten", als Grundlage für eine Kegelschnittbewegung, kann nicht die Rede sein. Siehe auch S. 40.

Alles in allem ist Cordoba 193 ein optisches Paar mit zwei G 5 V-Komponenten.

Nr. 7. ADS 9933

Von ADS $9933 = \Sigma\ 2010 = \varkappa$ Her liegen nachstehende Angaben aus den üblichen Quellen vor.

*	m	F. I.	Sp	R G	$\mu\alpha$	$\mu\delta$	μ
A	5,34	+0,81	g G 4	− 9,3 a	−0,″037 ± 0,″013	−0,″018 ± 0,″012	0,″041
B	6,52	+1,31	g K 2	+38,6 b	−0,033 ± 0,025	−0,036 ± 0,023	0,049

Die trigonometrische Parallaxe $+ 0{,}''011 \pm 0{,}''008$ ist praktisch wertlos. Für die spektroskopische hat man $0{,}''011$. Mit ihr wird $\mu_A = 17{,}1$ km/sec. Weitere Daten gibt Tab. 9.

Tabelle 9

Nr	p	t	ϑ_{1900}	ρ	Nr	p	t	ϑ_{1900}	ρ
1	4	1832,6	9,°6	31,″21	13	2	1890,4	9,°7	29,″88
2	3	40,9	9,4	31,15	14	3	98,5	11,2	29,66
3	2	42,5	9,2	30,73	15	3	1906,4	10,4	29,91
4	2	50,1	10,2	30,09	16	16	09,9	10,9	29,42
5	4	58,1	9,9	30,52	17	15	15,2	11,0	29,14
6	5	67,1	9,9	30,36	18	20*	15,4	10,93	29,131
7	3	72,9	10,7	30,18	19	10*	16,3	10,97	29,177
8	6	77,0	10,2	30,10	20	9	22,5	10,9	29,44
9	4	79,1	10,5	30,18	21	2	25,5	12,4	29,45
10	10	85,3	10,5	30,02	22	20*	42,6	11,65	28,604
11	8	86,3	10,5	29,93	23	10*	54,6	11,6	28,48
12	11	90,1	10,3	29,90	24	5*	60,5	11,97	28,14

Die übliche Ausgleichung der Positionsmessungen gibt $\Delta_\mu = 0{,}0247$, der Verschiedenheit der EB ganz entsprechend, oder mit obiger Parallaxe $\Delta_\mu = 10{,}5$ km/sec.

Ferner wird die Minimalparallaxe, falls es sich um eine Bahnbewegung handeln würde, $\pi_{\min} (\mathfrak{M}_A + \mathfrak{M}_B)^{1/3} = 0{,}077$, was eine Gesamtmasse von über 300 liefern würde, eine Unmöglichkeit. Zusammen mit der sehr großen und gesicherten Differenz der RG $= 48$ km/sec besagt dies: Wir haben hier einen typischen optischen Doppelstern.

Nr. 8. ADS 11061

Für ADS 11061 $= \Sigma$ 2308 $= 41$ und 40 Dra liegen folgende Angaben aus den üblichen Quellen vor. Die Positionsbeobachtungen enthält Tab. 10.

*	m	Sp	$\mu\alpha$	$\mu\delta$	R G [22]	R G [23]
A	5,80	d F 6	$+0{,}043$	$+0{,}119$	$+10{,}0$ b	$+5{,}6$
B	6,18	d F 5	$+0{,}046$	$+0{,}126$	$+3{,}9$ a	$+2{,}93$

Zweifellos haben die Komponenten die gleiche EB. Auch die nicht allzu verschiedenen Radialgeschwindigkeiten deuten auf ein physisches Paar. Die trigonometrischen Parallaxen sind stets für beide Komponenten gemeinsam ermittelt worden. Sie lauten mit den zugehörigen Gewichten nach dem Yale-Katalog [12]: $+0{,}012$ (28), $+0{,}038$ (7), $+0{,}028$ (7) im gewichteten Mittel $+0{,}021 \pm 0{,}008$. Für die spektroskopische Parallaxe liegen die Werte $0{,}031$ und $0{,}022$ vor. Man kann für die Parallaxe also etwa $0{,}025$ ansetzen.

Tabelle 10

Nr	p	t	ϑ_{1900}	ρ	Nr	p	t	ϑ_{1900}	ρ
1	5	1832,95	237,75°	20,62″	11	14	1922,88	232,57°	19,66″
2	5	64,30	235,75	20,25	12	1	25,56	233,18	19,75
3	6	77,27	235,43	20,18	13	10*	48,69	231,16	19,382
4	5	90,83	234,59	19,95	14	10*	50,45	231,19	19,376
5	6	83,43	235,33	20,13	15	10*	50,56	231,06	19,382
6	3	87,18	234,51	20,06	16	10*	51,49	231,13	19,309
7	5	1905,79	233,91	19,82	17	10*	51,55	231,06	19,378
8	10	10,48	233,46	19,86	18	10*	54,67	230,75	19,307
9	10	13,56	232,97	19,73	19	10*	60,50	230,69	19,27
10	10*	14,50	233,06	19,731					

Nach [23] ist B ein spektroskopischer Doppelstern mit $10^{d}{,}5$ Periode und dem Massenverhältnis $\mathfrak{M}_{B2}:\mathfrak{M}_{B1} = 0{,}903$.

Die übliche Ausgleichung des Materials der Tab. 10 ergab mit $N = 70$: $\rho^0 = 19{,}''92$, $\dot\rho = -0{,}0383$, $\dot\vartheta = -0{,}0697$; $\ddot\rho = -0{,}01358$ sowie mit $\pi = 0{,}''025$; $\Delta\mu = 0{,}''0228 = 4{,}5$ km/sec.

Nimmt man für jede der drei Komponenten die Masse $1{,}2$ an und faßt (AB) als physisches Paar auf, so erhält man mit den Formeln (1) und (2) $\pi_{\min} = 0{,}''111$ $v_0 = 179$ AE.

Beide Werte sind aber in vollem Widerspruch zu obigem $= 0{,}025$ bzw. $\rho_0 = 19{,}''12 : 0{,}''025. = 797$ AE.

Die Annahme physischer Bindung von AB ist also falsch. ADS 11061 ist ein optisches Paar, dessen Komponenten weit hintereinander stehen, aber fast die gleiche, ziemlich kleine Raumbewegung relativ zur Sonne haben, ganz ähnlich wie Cordoba 193 (s. o.) und das bekannte Doppelpaar ε_1 und ε_2 Lyrae [3].

Nr. 9. ADS 12730

Das nur wenig umfangreiche Beobachtungsmaterial ist in Tab. 11 gegeben, wobei noch die ρ und ϑ in die rechtwinkligen Koordinaten x und y umgerechnet wurden. Über dieses Paar, Σ 2564, ist auch sonst wenig bekannt. Die Helligkeiten sind $8^{m}{,}5$ und $10^{m}{,}2$, die Spektren und

Tabelle 11

Nr	p	t	ϑ_{1900}	ρ	x	y
1	2	1832,3	184°,8	10,''78	− 10,''72	− 0,''89
2	1	44,9	184,6	10,84	− 10,81	− 0,88
3	4	68,6	178,7	10,07	− 10,07	− 0,24
4	1	78,4	175,3	10,04	− 10,00	+ 0,83
5	2	96,5	170,6	9,88	− 9,75	+ 1,60
6	4	96,5	170,3	9,89	− 9,72	+ 1,64
7	3	1905,5	170,9	9,62	− 9,50	+ 1,51
8	3	05,8	169,9	9,52	− 9,37	+ 1,64
9	5	11,2	169,1	9,78	− 9,59	+ 1,81
10	2	12,7	169,5	9,65	− 9,49	+ 1,75
11	5	20,2	167,0	9,64	− 9,40	+ 2,17
12	1	25,6	164,1	9,06	− 8,77	+ 2,48
13	5*	60,6	158,3	9,16	− 8,50	+ 2,39

RG für $A : gF_5 - 34,2\,b$ km/sec, für $B : dFo - 22,2$ km/sec. Die EB von A beträgt nach Wilkens [18] $0\rlap{.}''035$ in Richtung 270.

Die x und y haben einen völlig geradlinigen Verlauf nach der Zeit. Die relativen EB sind $\Delta\,\mu_x = + 0\rlap{.}''033$, $\Delta\,\mu_y = + 0\rlap{.}''012$ oder $\Delta\,\mu = 0\rlap{.}''035$ in Richtung 255°. D. h. sie sind gleich der EB von A. Es handelt sich um ein — weiterhin uninteressantes — optisches Paar, worauf auch die Differenz der RG hinweist.

<h3 style="text-align:center">Nr. 10. ADS 16611</h3>

Nach Ausweis der Tab. 12 und der folgenden Zusammenstellung handelt es sich hier um ein Paar mit außerordentlich geringer relativer Bewegung, dessen Komponenten aber eine sehr hohe gemeinsame EB und auch RG haben, die also doch physisch zusammengehören müssen (B wird als spektroskopischer Doppelstern vermutet).

*	m	Sp	RG	$\mu\alpha$	$\mu\delta$
A	8,3	d F 5	$-31,8$ b	$+0\rlap{.}''551$	$-0\rlap{.}''035$
B	9,0	d G2	-24 c	$+0,552$	$-0,027$

Für die Parallaxe liegen drei trigonometrische Werte mit dem Mittel $+ 0\rlap{.}''014 \pm 0\rlap{.}''012$ m. F. vor und die spektroskopischen $0\rlap{.}''013$ und $0\rlap{.}''017$.

Tabelle 12

Nr	p	t	ϑ_{1900}	ρ	Nr	p	t	ϑ_{1900}	ρ
1	3	1830,9	$177\rlap{.}°78$	$25\rlap{.}''63$	8	5	1916,7	$176\rlap{.}°63$	$25\rlap{.}''46$
2	3	65,8	7,14	25,52	9	7	22,4	176,54	25,54
3	1	89,3	6,69	25,48	10	10*	42,7	176,27	25,23
4	2	91,8	6,98	25,56	11	10*	49,8	176,22	25,28
5	2	1900,6	6,70	25,39	12	10*	54,8	176,16	25,19
6	2	02,7	6,20	25,46	13	10*	60,7	176,41	25,26
7	1	09,8	7,02	25,35					

Was gibt die übliche Auswertung der Positionsmessungen? Für die ρ^2 wurden dabei sowohl das Glied für τ allein wie die für τ und τ^2 ermittelt. Der Koeffizient für τ^2 erscheint zwar mit $B_2 = - 7,11 \pm 3,53$ rechentechnisch verbürgt, aber doch nur schwach. In beiden Fällen wurden die Minimalparallaxen und r_0 mit den Formeln (1) und (2)

berechnet und die daraus folgenden Größen. In der nachstehenden Tab.
ist alles, auch die Folgen des obigen Ansatzes $\pi = 0{,}''015$, zusammengestellt. Dabei konnte mit den Spektralangaben $\mathfrak{M}_A + \mathfrak{M}_B = 2{,}0$ ohne
wesentliche Unsicherheit für die Ergebnisse angesetzt werden.

Tabelle 13

Ansatz	tr, sp	$\rho^2\,(\tau)$	$\rho^2\,(\tau, \tau^2)$
π	$0{,}''015$	$0{,}''0212$	$0{,}''0362$
r_0 (AE)	1700	1200	705
M_A	$+ 4{,}2$	$+ 4{,}9$	$+ 6{,}1$
M_B	$+ 5{,}3$	$+ 5{,}6$	$+ 6{,}8$
μ (AB) km/sec	172	123	72
$\Delta\mu$ (100^a)	$0{,}''529$	$0{,}''549$	$0{,}''529$
$\Delta\mu$ km/sec	$1{,}67$	$1{,}22$	$0{,}67$
Vg km/sec	$1{,}45$	$1{,}22$	$2{,}24$

In der Tabelle ist μ (AB) die in km/sec gemessene gemeinsame EB
der Komponenten. Zu ihr müßte noch die RG mit rund 30 km/sec
vektoriell zugefügt werden, um die Raumgeschwindigkeit des Paares
relativ zur Sonne zu haben. In allen drei Ansätzen erweist sich das Paar
als typischer Schnelläufer der Population II bzw. der Leuchtkraftklasse VI. Im Hertzsprung-Russell-Diagramm liegen in allen drei
Ansätzen die Komponenten nahe dem Knick der zugehörigen Kurve [8].
$\Delta\mu$ sind die rel. EB der Komponenten, gegeben in $''$ für 100 Jahre und
in km/sec. V_g sind die parabolischen Grenzgeschwindigkeiten in km/sec
[3]. Zu den $\Delta\mu$ wäre jeweils noch die Differenz der RG $= - 7{,}8 \pm$
4,6 km/sec vektoriell zuzufügen. Nach Wilsons Angaben [22] wäre
$\pm$ 4,6 der durchschnittliche m. F. der RG, er könnte aber maximal
$\pm$ 8,0 sein. D. h. aber:

Entweder akzeptiert man Δ RG $= - 7{,}8$ km/sec oder absolut
noch mehr, dann wäre in allen drei Ansätzen die Bahngeschwindigkeit
größer als die parabolische. Das System wäre ein Begegnungspaar mit
einer Hyperbelbahn. Oder man nimmt Δ RG als sehr klein an. Dann
hätte man mit der unsicheren trig.-spektr. Parallaxe immer noch eine
Hyperbel. Bei der linearen Ausgleichung der ρ^2 ergäbe sich eine parabel-
nahe Bahn. Und mit dem quadratischen Ansatz für ρ^2 hätte man eine

Ellipse. Die dabei errechnete wesentlich größere Parallaxe ist bei der bekannten Unsicherheit der trigonometrischen kaum ein Gegenargument.

Bahnelemente zu berechnen hat unter diesen Umständen keinen Wert. Entscheidend wichtig — ob Ellipse oder Hyperbel — sind neue genaue RG für beide Komponenten. Jedenfalls ziehen diese zur Zeit mit einem Abstand von rund 1000 AE rasch gemeinsam durch den Raum.

Hingewiesen sei noch auf den Stern B. D. — 8,5980 = Yale 5561, 8^m9, dG1. Er hat $4\overset{s}{,}7$ Abstand von ADS 16611, dabei genau die gleiche EB $\mu_\alpha = + 0\overset{''}{,}057$, $\mu_\delta = - 0\overset{''}{,}070$ sowie RG $= - 23,8\,b$ km/sec. Die Einzelwerte für seine trigonometrische Parallaxe (McCormik $+ 0\overset{''}{,}060$, Yerkes $+ 0\overset{''}{,}046$ und Cap $+ 0\overset{''}{,}020$) zeigen nur ihre Unsicherheit, trotz aller Kleinheit der errechneten w. F. Jedenfalls dürfte dieser Stern in etwa 3 bis 5 pc Distanz vom ADS 16611 sich mit gleicher Geschwindigkeit und Richtung mit ihm bewegen. Es ist dies ein Übergang von den Begegnungspaaren zu den Sterntrupps.

Nr. 11. ADS 16693

Die allgemeinen Daten für dieses Paar, Σ 3006, lauten:

*	m	Sp	RG	μ
A	9,1	gG 8	+ 5,1 b	$0\overset{''}{,}008$
B	9,6	gK 2	−35 c	—

In Tab. 14 ist das mir zugängliche Beobachtungsmaterial gegeben. Die Beobachtungen 16 bis 32 verdanke ich Herrn Prof. E. Hertzsprung, Nr. 33 Herrn Dr. H. Haupt in Wien.

Rechnet man die ρ und ϑ in x und y um, so zeigt die graphische Darstellung nach der Zeit einen völlig geradlinigen Verlauf. Dies könnte von einer äußerst flachen hyperbolischen Bewegung herrühren, läßt aber eher auf nur optische Nachbarschaft schließen. Dies wird zur Gewißheit angesichts der völligen Verschiedenheit der RG. Die Berechnung einer dynamischen Parallaxe durch Jackson und Furner ($\pi = 0\overset{''}{,}034$) vor 40 Jahren war also nicht angebracht.

Es handelt sich um zwei weit voneinander entfernte rote Riesen.

Tabelle 14

Nr	p	t	ϑ_{1900}	ρ	v_x		v_y	
1	3	1831,6	182°88	4″65	−	0″03	−	0″19
2	1	40,7	176,83	4,93	−	21	+	14
3	2	56,9	174,75	4,98	−	07	+	04
4	7	64,9	173,45	4,95	+	05	−	01
5	5	70,2	171,64	5,09		0	+	06
6	2	79,8	170,82	5,28	−	08	−	03
7	2	86,0	170,12	5,44	−	17	−	05
8	2	90,0	167,91	5,52	−	18	+	10
9	2	94,7	168,51	5,34	+	05	−	09
10	2	1902,9	167,20	5,37	+	15	−	11
11	2	05,9	166,79	5,44	+	11	−	12
12	8	06,0	166,29	5,47	+	09	−	06
13	15	10,6	163,99	5,66	+	02	+	11
14	11	12,6	163,88	5,71	+	01	+	10
15	8	23,1	162,67	5,76	+	10	+	03
16	3	26,8	163,67	5,99	−	10	−	09
17	10*	39,6	160,64	6,066	+	04	+	02
18	10*	39,7	160,39	6,072	+	04	+	03
19	10*	39,7	160,57	6,094	+	04	+	02
20	10*	40,8	160,37	6,089	+	11	+	02
21	10*	41,8	160,24	6,116	+	04	+	02
22	10*	42,9	160,20	6,128	+	05	+	01
23	10*	48,9	159,64	6,245	+	01		0
24	10*	49,7	159,01	6,241	+	04	+	05
25	10*	49,8	159,14	6,288		0	+	04
26	10*	50,3	158,99	6,265	+	02	+	05
27	10*	51,6	159,03	6,272	+	04	+	02
28	10*	51,6	158,83	6,288	+	01	+	04
29	10*	52,7	158,84	6,299	+	03	+	02
30	10*	53,8	158,80	6,281	+	06		0
31	10*	53,9	159,00	6,274	+	07	−	06
32	10*	55,8	158,85	6,337	+	02	−	02
33	5*	60,6	158,95	6,300	+	12	−	14

Literatur

[1] Eggen, O. J.: Stellar Groups VIII, M. N. **120**, 563 (1960), dort weitere Lit.

[2] Schütte, K.: Galaktozentrische Bahnelemente, Teil V, Sitz. Ber. Österr. Akad. d. Wiss. math.-nat. Kl. Abt. II, Bd. **163**, 9 (1954), dort weitere Lit.

[3] Hopmann, J.: Mitt. d. Univ.-Sternw. Wien, **10**, 227 (1960).

[4] Hoerner, S. v.: Z. f. A. **50**, 184 (1960).

[5] Zeller, G.: Annalen d. Univ.-Sternw. Wien, **26**, Heft 4 (1965)

[6] Nys, O.: Ann. Obs. R. Belg. 3. Ser. VIII, Heft 2, 1959.

[7] Hertzsprung, E.: J. d. Obs. Vol. **47**, S. 27, 1964.

[8] Hopmann, J.: Mitt. d. Univ.-Sternw. Wien Bd. **9**, Nr. 5, 1959.

[9] Wallenquist, A.: Uppsala Astr. Obs. Ann. Bd. **2**, Nr. 2, 1954.

[10] Dommanget, J. und O. Nys: Ann. Obs. R. Belg. IX, Heft 6, 1964.

[11] Publ. of the Lick-Observ. Vol. XXI, 1963.

[12] Jenkins, L. F.: Gen. Cat. of Trig. Stellar Parallaxes, 1952.

[13] Luyten, W. J.: Publ. Astr. Obs. Univ. Minnesota Bd. **2**, Nr. 15, 1960.

[14] Hopmann, J.: Ber. d. math.-phys. Kl. d. Sächs. Akad. d. Wiss. Bd. **83**, S. 161, 1941.

[15] Hopmann, J.: Mitt. d. Univ.-Sternw. Wien Bd. **8**, S. 221, 1956.

[16] Hopmann, J.: Annalen d. Univ.-Sternw. Wien Bd. **26**, Heft 1, 1964.

[17] Nys, O.: Bull Astr. de Obs. R. de Belg. Bd. **5**, Nr. 3, 1963.

[18] Wilkens, A.: Abbh. Bayer. Akad. d. Wiss. Math.-Nat. Abt. N. F. Heft 31, 1935.

[19] Alden, H. L.: Astr. Journal, Bd. **50**, S. 139, 1944.

[20] Dommanget, J.: Bull. Astr. Obs. R. Belg. Bd. **5**, Nr. 3, 1963.

[21] Hopmann, J.: Mitt. d. Univ.-Sternw. Wien Bd. **10**, Nr. 9, 1960.

[22] Wilson, R. E.: Gen. Cat. of Stellar Rad. Velocities, 1953.

[23] Dom. Astroph. Obs. Bd. **1**, S. 245, 1920.

P e t r i W.: Katalog der galaktozentrischen Bahnelemente von 353 Sternen der Sonnenumgebung S 12.—

S c h r u t k a - R e c h t e n s t a m m G.: Relative Höhenbestimmungen auf dem Monde mittels des Pariser Mondatlasses und visueller Messungen am Fernrohr. S 30.—

S c h ü t t e K.: Galaktozentrische Bahnelemente von 1026 Fixsternen in der nächsten Umgebung der Sonne (Teil IV u. V) (mit 4 Abbildungen). S 26.90

W i d o r n Th.: Lichtelektrische Beobachtungen am 33-cm-Astrographen der Universitätssternwarte Wien (mit 2 Abbildungen). S 10.90

1955 (S II, Bd. 164):

F e r r a r i d'O c c h i e p p o K.: Direkte Relationen zwischen ekliptikalen, galaktischen und azimutalen Koordinaten. S 39.50

F e r r a r i d'O c c h i e p p o K.: Die Massen der Delta Cephei- und RR-Lyrae-Sterne (mit 1 Abbildung). S 7.—

F r a n z O.: Strahlungsenergetische Parallaxen von 400 Doppelsternen (mit 8 Abbildungen). S 00.40

H a u p t H.: Eine ungewöhnliche Spektralaufnahme einer Protuberanz am Koronographen (mit 2 Abbildungen). S 5.90

H o p m a n n J.: Zur Statistik der visuellen Doppelsterne. S 32.—

S c h r u t k a - R e c h t e n s t a m m G.: Zur Physischen Libration des Mondes. S 78.—

GPSR Compliance
The European Union's (EU) General Product Safety Regulation (GPSR) is a set
of rules that requires consumer products to be safe and our obligations to
ensure this.

If you have any concerns about our products, you can contact us on

ProductSafety@springernature.com

In case Publisher is established outside the EU, the EU authorized
representative is:

Springer Nature Customer Service Center GmbH
Europaplatz 3
69115 Heidelberg, Germany